一個人的懶人高纖低脂餐

好吃又好拍的豐盛美味

全穀類＋蔬菜＋蛋白質

一碗滿足

安娜・席玲羅・漢普頓 Anna Shillinglaw Hampton __著

維多利亞・沃爾・哈利絲 Victoria Wall Harris __攝影

楊雯珺__譯

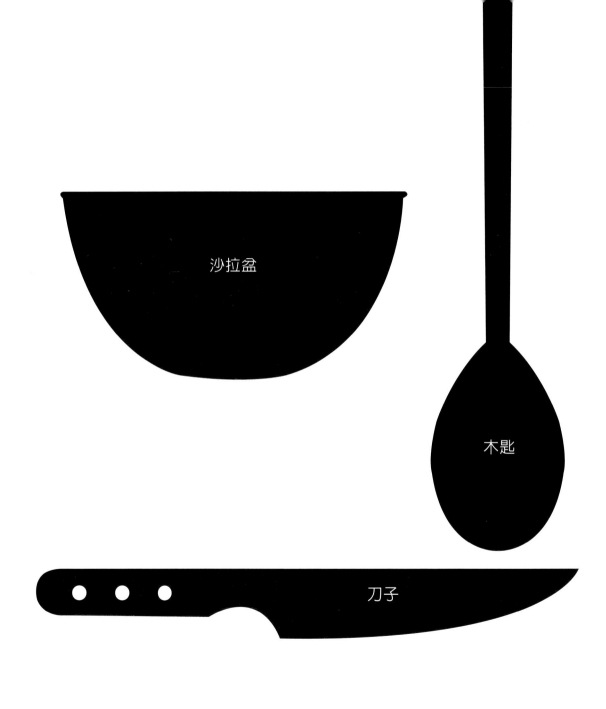

沙拉盆

木匙

刀子

平底鍋

只需要用到這些烹調器皿

湯鍋

目　次

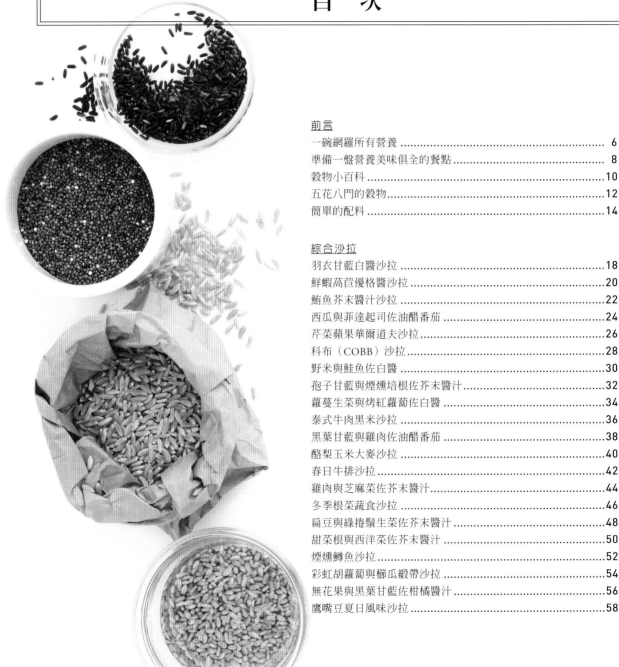

一碗網羅所有營養

對於尋求健康飲食的養生者來說,古代穀物重返餐桌絕對是一大福音。其實它們從未銷聲匿跡,只不過我們以前通常是吃到加工過後的形式,也就是:去除了它們有益的外殼,連帶使得維他命、礦物質和抗氧化物質一併流失。現在,我們可以很容易找到斯佩爾特小麥、硬粒小麥和大麥等原粒穀物加入餐點中。

為了方便起見,書中的料理通常裝成一碗,不需要刀叉就能享受由高品質主食材組成的餐點。它們也能滿足特殊飲食需求:使用藜麥和米等不含麩質的穀物,對於患有麩質不耐症或乳糜腹瀉的人十分理想;加入植物性蛋白質則能讓蛋奶素或全素者也同樣吃得開心。

6

從質地較輕盈、口感較清淡的布格麥和硬粒小麥，到較有飽足感和嚼勁的法羅麥和麥仁，本書收錄了形形色色的穀物，可以滿足所有味蕾，多樣化的配料（水果、蔬菜、肉和海鮮）則可以因應每個家人的需求，想多添幾種或拿掉幾種都沒問題。這些菜色，不論裝成一盤或一碗，都能當成辦公室便當、帶到戶外午餐，或是當成一頓簡單的居家晚餐。

這本食譜將教你如何準備一頓理想的餐點。書中示範的菜色可以滿足各種胃口：有點餓的時候來盤沙拉正好，蛋奶素食或全素料理能夠吃巧又吃飽，肉類或海鮮則可提供較長久的飽腹感。有些食譜只要用到一個湯鍋，例如清湯或燉飯，其他比較典型的菜色更是只需要將食材、配料和醬汁拌在一起就好。每一道餐點都可以事先準備，健康美味快速上桌。

現在就開始發揮創意，組合你的「一碗料理」吧！

準備一盤營養美味俱全的餐點

根據下列簡單原則來組合不同食材，或照著書中所示的烹飪技巧一鍋煮到底，
就能變出一頓以穀物為基礎的美味餐點。

1.

選擇品質優良的穀物

最簡單的選擇是米，每個人的儲物櫃裡肯定都有這種基本食材。如果想要比較沒有負擔的餐點，就選擇碾碎的硬粒小麥或大麥，來搭配綠色蔬菜或沙拉。一鍋煮到底的菜色比較豐富，適合使用卡姆小麥和麥仁。記得在煮穀物的水中放鹽，可以讓風味更加突出！

2.

組合的原則

利用互補原則來組合準備好的食材。參考第11頁的穀物烹煮須知表，掌握烹調的時間與方法。將煮熟的穀物與喜歡的醬汁混拌，或是單純以少許橄欖油、海鹽和黑胡椒調味，最後再加入其他食材即可。

3.

加入生蔬菜

最好將生蔬菜切碎切細。它們能帶來清脆的口感，即使是跟最柔軟的穀物都能完美搭配。如果使用質地較硬的蔬菜，例如高麗菜或羽衣甘藍，可先用鹽和醬汁搓揉軟化後再放進餐點中。

4.

或加入熟蔬菜

烤過或炒過的蔬菜會變軟，同時釋放出與生蔬菜不同的甜味，跟口感較扎實或較爽脆的穀物是天作之合，例如法羅麥、大麥和麥仁。將奶油南瓜、地瓜這一類蔬菜切成大塊來烤，因為它們的體積會在烹調後縮水。

5.

吃飽又吃好

加入一或兩種蛋白質，讓餐點更加豐富，並調節一整天的食慾。豆腐是良好的植物性蛋白質來源，菲達起司和蛋也是蛋奶素食者可以選用的食材。如果想做出更有飽足感的一餐，就選擇肉類或海鮮。

6.

加入醬汁
或優質的配料

用一種醬汁或自家做
的澆料將所有食材結
合在一起，不但可以
提升風味，還能讓餐
點濕潤不乾口。在最
後一個章節中，你可
以看到醋醃紫洋蔥
（180頁）、油醋番茄
澆料（184頁）和綠檸
檬味噌醬汁（172頁）
的作法，幫你在平日
的週間晚上迅速打理
好一頓優質晚餐。

7.

錦上添花

烤過的核桃、新鮮的香
草類或市售醬汁，都
能使一道還算不錯的料
理搖身變為一碗頂級
美味餐點。哈里薩辣醬
（Harissa）、是拉差
辣椒醬（Sriracha）可
以引進辣味；香草植物
可以帶來清新氣息和色
彩；優格提供濃郁滑順
的口感；照燒醬或麻油
則可以增加深度。就算
只是一小撮「鹽之花」
（fleur de sel）或一點
檸檬汁，都能使一道菜
脫胎換骨。

8.

或運用「一鍋到底」
的烹調技巧

只需要一個湯鍋就能製
作燉湯或燉飯。先用一
點油炒香穀物1到2分
鐘，然後加入液體，例
如連汁帶料的番茄罐頭
或雞湯，最後加入蔬菜
和肉類煮到熟軟。

穀物小百科

實用的穀物烹調小百科與一些訣竅

沖洗

建議先沖洗穀物再開始烹煮，可以去除一點苦味和黏性，同時洗去一些可能含有的雜質。

浸泡

有些質地比較堅硬的穀物，例如麥仁，需要長時間烹煮。建議先浸泡一整晚，不但可以讓它變軟，還能縮短烹調時間。專家指出，浸泡可以降低穀物的植酸含量，使之更好消化，同時促進養分吸收。浸泡時，將穀物放在沙拉盆中，倒入高出穀物五公分的溫水。如果想得到最大效益，最好浸泡12到24小時。

炒香

用一點油脂（橄欖油）將穀物炒香1到2分鐘，不但可以讓它散發出榛果的香味，還能避免在烹調後黏鍋。

冷凍

煮熟的穀物能夠冷藏保存5天，所以可以事先大量烹調，之後再分成幾次在一個星期間慢慢食用。裝在袋子裡冷凍起來也可以，作為隨時來一碗營養飯食的儲備食糧。

穀物（100公克）	水（毫升）	烹煮時間	煮熟後重量	麩質
麥仁	325毫升	蓋鍋煮50-60分鐘	約240公克	有
布格麥	450毫升	蓋鍋煮10-15分鐘	約300公克	有
斯佩爾特小麥	300毫升	蓋鍋煮50-70分鐘	約230公克	有
法羅麥	350毫升	蓋鍋煮25分鐘	約200公克	有
硬粒小麥（碎）	300毫升	蓋鍋煮15-20分鐘	約240公克	有
卡姆小麥	300毫升	蓋鍋煮50-60分鐘	約240公克	有
大麥	350毫升	蓋鍋煮25分鐘	約300公克	有
黑藜	350毫升	蓋鍋煮25-30分鐘，開鍋煮5分鐘	約230公克	無
紅藜／白藜	225毫升	蓋鍋煮15分鐘，開鍋煮15-20分鐘	約200公克	無
壽司米	300毫升	蓋鍋煮20分鐘，開鍋煮5-10分鐘	約275公克	無
印度香米	300毫升	蓋鍋煮15-20分鐘	約250公克	無
糙米	300毫升	蓋鍋煮25-30分鐘	約250公克	無
黑米	300毫升	蓋鍋煮35-40分鐘，開鍋煮5分鐘	約250公克	無
野米	375 毫升	蓋鍋煮50-60分鐘	約250公克	無
去殼蕎麥	450 毫升	蓋鍋煮10-15分鐘	約275公克	無

五花八門的穀物

除了本書介紹的穀物之外，當然還有許多其他種類。

市面上，光是米、苔麩（Teff）、小米就有數不清的品種。

本書挑選了一系列穀物，有的口感柔軟，有的扎實，有的味道清淡，有的較為濃郁。

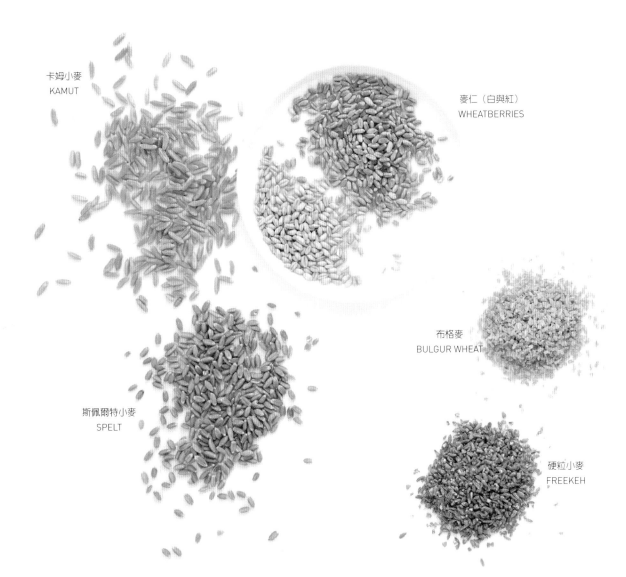

卡姆小麥
KAMUT

麥仁（白與紅）
WHEATBERRIES

布格麥
BULGUR WHEAT

斯佩爾特小麥
SPELT

硬粒小麥
FREEKEH

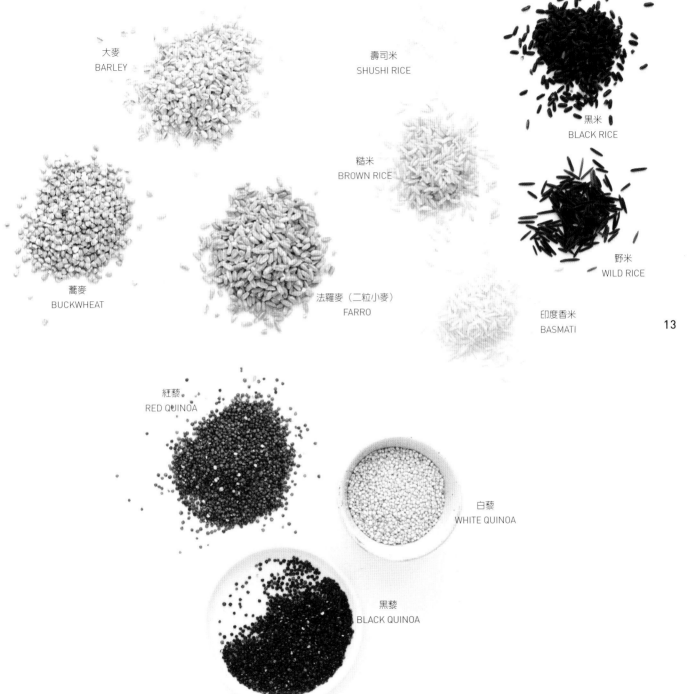

大麥
BARLEY

壽司米
SHUSHI RICE

黑米
BLACK RICE

糙米
BROWN RICE

蕎麥
BUCKWHEAT

法羅麥（二粒小麥）
FARRO

野米
WILD RICE

印度香米
BASMATI

13

紅藜
RED QUINOA

白藜
WHITE QUINOA

黑藜
BLACK QUINOA

簡單的配料

這份小指南可以啓發你的靈感，用簡單的配料來為穀物料理增添趣味。
只要幾秒鐘，就能為餐點帶來全新口感和美味。

南瓜子

酥脆

蒜頭辣椒醬

韓國泡菜

榛果

14

核桃

辣味

芝麻子

辣椒片

腰果

茴香

清新

龍蒿

羅勒

芫荽

荷蘭芹

椰子片

石榴粒

甜味

蜂蜜

藍莓

桑葚

覆盆子

檸檬汁

酸味

15

綠檸檬汁

醋

鹹味

帕瑪森起司

海鹽

天然優格

希臘菲達起司（FETA）

酸豆

茄子芝麻沾醬

滑順

綜合沙拉

將清脆的蔬菜和具有核桃與榛果味的穀物組合在一起，
從輕爽的蔬食沙拉，到以動物性蛋白質為基礎的豐盛沙拉，
提供滿足各種口味和胃口的無窮可能性。

羽衣甘藍白醬沙拉

準備時間：15分鐘

兩人份

200公克熟斯佩爾特小麥（生料90公克）
50公克生捲葉羽衣甘藍，切絲
120公克小番茄，切半
2大匙帕瑪森起司，刨屑
1大匙檸檬汁
1大匙橄欖油
125毫升白脫牛奶香草淋醬（見176頁）
海鹽和現磨黑胡椒

也可改用
卡姆小麥

用鹽、黑胡椒、橄欖油和檸檬汁輕輕搓揉羽衣甘藍，靜置5分鐘。
將斯佩爾特小麥、羽衣甘藍和小番茄分裝到兩個碗中。
分別淋上白醬，以海鹽和黑胡椒調味。最後撒上帕瑪森起司。

鮮蝦萵苣優格醬沙拉

準備時間：15分鐘

兩人份

250公克熟蕎麥（生料90公克）
150公克燙熟鮮蝦，切成大塊
75公克奶油萵苣，手撕成片狀
50公克小黃瓜，切片
2-4大匙蒔蘿優格醬（見170頁）
海鹽和現磨黑胡椒
切碎蒔蘿，裝飾用

在一個大碗中放入鮮蝦、萵苣和小黃瓜，拌入2到3大匙優格醬。

把蕎麥分裝到兩個碗中，分別鋪上鮮蝦沙拉，視個人口味需求淋上更多優格醬。

以海鹽和黑胡椒調味，最後撒上蒔蘿。

鮪魚芥末醬沙拉

準備時間：15分鐘

兩人份

150公克鮪魚罐頭，瀝乾水分，剝成小塊
190公克熟卡姆小麥（生料80公克）
150公克四季豆，燙熟，切段
1顆水煮蛋，切丁（110公克）
2-3大匙芥末醬汁（見174頁）
海鹽和現磨黑胡椒

將卡姆小麥分裝到兩個碗中，依序排放上四季豆、鮪魚和水煮蛋。
分別淋上芥末醬，以海鹽和黑胡椒調味。

西瓜與菲達起司佐油醋番茄

準備時間：15分鐘

兩人份

200公克西瓜丁
250公克熟藜麥（生料125公克）
40公克捏碎的菲達起司
100公克小黃瓜，切丁
3-4大匙油醋番茄澆料（見184頁）
海鹽和現磨黑胡椒

也可改用
布格麥

將藜麥、西瓜和小黃瓜分裝到兩個碗中。
加上油醋番茄澆料和菲達起司。以海鹽和黑胡椒調味。

芹菜蘋果華爾道夫沙拉

準備時間：15分鐘

兩人份

200公克熟蕎麥（生料75 公克）
60公克奶油萵苣，手撕成片狀
1顆蘋果（80公克），切成絲
70公克芹菜，切成薄片
40公克烤過的核桃，切碎
1大匙橄欖油
2大匙蒔蘿優格醬（見170頁）
海鹽和現磨黑胡椒

也可改用
藜麥

在蕎麥中拌入橄欖油、海鹽和黑胡椒，分裝到兩個碗中。
將萵苣、芹菜、蘋果放入沙拉盆中並拌入優格醬，平均分配給兩碗蕎麥。
分別撒上核桃，再以海鹽和黑胡椒調味。

科布（COBB）沙拉

準備時間：15分鐘

兩人份

200公克熟藜麥（生料100公克）
200公克烤雞，撕成絲
2顆水煮蛋，切塊
40公克藍紋起司
4條煙燻培根（30公克），煎熟，弄成碎片
1顆酪梨，去皮，去核，切片
3-4大匙白脫牛奶香草淋醬（見176頁）
海鹽和現磨黑胡椒

將藜麥、雞肉、蛋和酪梨分裝到兩個碗中。

分別澆上淋醬,以海鹽和黑胡椒調味。最後放上藍紋起司與煙燻培根。

野米與鮭魚佐白醬

準備時間：15分鐘

兩人份

200公克熟野米（生料80公克）
150公克熟鮭魚，剝成小塊
125公克白鳳豆
50公克綜合沙拉嫩葉
40公克卡拉瑪塔橄欖，切半
3-4大匙白脫牛奶香草淋醬（見176頁）
海鹽和現磨黑胡椒

將野米、白鳳豆（butter bean）、綜合沙拉葉，與卡拉瑪塔（Kalamata）橄欖、淋醬混拌。
分盛為兩盤，分別放上鮭魚，再淋上一些醬汁，以海鹽和黑胡椒調味。

孢子甘藍與煙燻培根佐芥末醬汁

準備時間：20分鐘

兩人份

150公克熟藜麥（生料75公克）

250公克孢子甘藍，切成細絲或以刨刀刨成絲

4條煙燻培根（30公克），煎熟，弄成碎片

2大匙帕瑪森起司，刨成碎屑

3大匙芥末醬汁（見174頁）

30公克烤過的核桃（視喜好添加）

醋醃紫洋蔥（見180頁）

海鹽和現磨黑胡椒

將孢子甘藍與1 大匙醬汁、1小撮鹽混合，靜置5到10分鐘。

把熟藜麥分裝到兩個碗中，鋪上孢子甘藍、煙燻培根和帕瑪森起司。

分別淋上剩餘醬汁，放上醋醃紫洋蔥，視喜好撒上烤核桃。以海鹽和黑胡椒調味。

蘿蔓生菜與烤紅蘿蔔佐白醬

準備時間：15分鐘

兩人份

200公克熟大麥（生料75公克）
150公克烤紅蘿蔔（生料225公克）
150公克蘿蔓生菜，撕下葉子，切片
3大匙烤過的核桃
3-4大匙白脫牛奶香草淋醬（見176頁）
15公克細香蔥，切碎
15公克荷蘭芹，切碎
海鹽和現磨黑胡椒

也可改用
蕎麥

將大麥、紅蘿蔔和蘿蔓生菜放入沙拉盆，加進淋醬拌勻。
以海鹽和黑胡椒調味。最後撒上核桃、細香蔥與荷蘭芹。

泰式牛肉黑米沙拉

準備時間：15分鐘

兩人份

250公克熟黑米（生料100公克）
200公克牛腰腹肉，煎熟，切厚片
50公克小黃瓜，切圓薄片
50公克蘿蔓生菜葉
3-4大匙醬油淋汁（見182頁）
海鹽和現磨黑胡椒

也可改用
糙米

將黑米、牛肉、小黃瓜、蘿蔓生菜放入沙拉盆中，拌入醬汁，
分裝到兩個碗中，以海鹽和黑胡椒適量調味。

黑葉甘藍與雞肉佐油醋番茄

準備時間：15分鐘

兩人份

200公克熟斯佩爾特小麥（生料90公克）
50公克黑葉甘藍（托斯卡尼甘藍），手撕成小片
150公克熟雞肉，撕成絲
40公克油漬波岡齊尼起司（或莫札瑞拉起司），每顆切成4等份
80公克油醋番茄澆料（見184頁）
少許橄欖油
海鹽和現磨黑胡椒

也可改用
麥仁

在黑葉甘藍中拌入少許橄欖油和海鹽，輕輕搓揉，使葉片變軟。

加入斯佩爾特小麥和雞肉，然後分裝成兩盤。

最後分別放上波岡齊尼起司（bocconcini）與油醋番茄澆料。以海鹽和黑胡椒調味。

酪梨玉米大麥沙拉

準備時間：15分鐘

兩人份

200公克熟大麥（生料70公克）
75公克蘿蔓生菜，切碎
100公克甜玉米，煮熟
1顆酪梨，去皮，去核，切丁
100公克油醋番茄澆料（見184頁）
海鹽和現磨黑胡椒

在沙拉盆中混拌大麥、蘿蔓生菜、玉米和酪梨。
加入油醋番茄澆料，然後分裝到兩個碗中。
分別淋上少許番茄澆料中的橄欖油。以海鹽和黑胡椒調味。

春日牛排沙拉

準備時間：15分鐘

兩人份

200公克熟斯佩爾特小麥（生料90公克）
60公克羽衣甘藍嫩葉
120公克煎牛排，切厚片
15公克醋醃紫洋蔥（見180頁）
2-3大匙白脫牛奶香草淋醬（見176頁）
海鹽和現磨黑胡椒

也可改用
大麥

將羽衣甘藍與1大匙淋醬和1小撮鹽混拌。
把斯佩爾特小麥、牛排和羽衣甘藍嫩葉分裝到兩個碗中。
分別淋上剩餘的醬汁。以海鹽和黑胡椒調味。最後放上醋醃紫洋蔥。

雞肉與芝麻菜佐芥末醬汁

準備時間：15分鐘

44

兩人份

200公克熟大麥（生料70公克）
160公克熟雞胸肉，切塊
15-20公克芝麻菜嫩葉（每碗1小把）
125公克朝鮮薊心，切半
2–3大匙芥末醬汁（見174頁）
30公克烤過的杏仁（視喜好添加）
海鹽和現磨黑胡椒

將大麥、雞肉、朝鮮薊心和芝麻菜分裝到兩個碗中。分別淋上芥末醬汁。
以海鹽和黑胡椒調味。最後視喜好撒上烤過的杏仁。

冬季根菜蔬食沙拉

準備時間：15分鐘

兩人份

250公克熟法羅麥（生料125公克）
150公克烤甜菜根，切成圓片或4等份
200公克柳橙，去皮，取出柳橙瓣
75公克紫色菊苣，切絲
2–3大匙柑橘醬汁（見186頁）
35公克整顆杏仁，烤過後切小塊
海鹽和現磨黑胡椒

也可改用
大麥

將法羅麥、柳橙和紫色菊苣與1大匙柑橘醬汁混拌。

另取1大匙醬汁與甜菜根混拌。把上述法羅麥混拌物分裝到兩個碗中,然後放上甜菜根。

分別澆上剩餘的醬汁並撒上杏仁。以海鹽和黑胡椒調味。

扁豆與綠捲鬚生菜佐芥末醬汁

準備時間：15分鐘

兩人份

200公克熟藜麥（生料100公克）

100公克熟綠扁豆

2顆水波蛋

50公克綠捲鬚生菜，用手撕成小段

15公克龍蒿，切碎，另外多準備一些當裝飾

3－4大匙芥末醬汁（見174頁）

海鹽和現磨黑胡椒

也可改用
布格麥

將藜麥、扁豆、綠捲鬚生菜（frisée）、龍蒿與芥末醬汁混拌。
以海鹽和黑胡椒調味後，分裝到兩個碗中，分別放上水波蛋。撒上龍蒿。

甜菜根與西洋菜佐芥末醬汁

準備時間：15分鐘

兩人份

250公克熟麥仁（生料105公克）
2顆熟甜菜根（140公克），切丁
30公克西洋菜
30公克羊奶起司，捏碎
2大匙芥末醬汁（174頁）
海鹽和現磨黑胡椒

將麥仁、西洋菜（watercress）和1大匙芥末醬汁在沙拉盆中混拌。

用另一個碗拌甜菜根和剩餘醬汁。

將食材分裝到兩個碗中，撒上捏碎的羊奶起司。以海鹽和黑胡椒調味。

煙燻鱒魚沙拉

準備時間：15分鐘

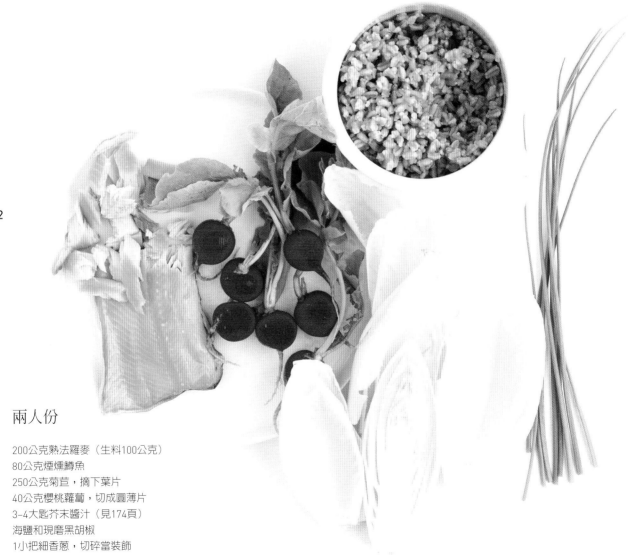

兩人份

200公克熟法羅麥（生料100公克）
80公克煙燻鱒魚
250公克菊苣，摘下葉片
40公克櫻桃蘿蔔，切成圓薄片
3–4大匙芥末醬汁（見174頁）
海鹽和現磨黑胡椒
1小把細香蔥，切碎當裝飾

　　將法羅麥、菊苣（endive）、鱒魚和櫻桃蘿蔔分裝到兩個碗中。
分別淋上芥末醬汁，以海鹽和黑胡椒調味，最後撒上裝飾的細香蔥。

彩虹胡蘿蔔與櫛瓜緞帶沙拉

準備時間：15分鐘

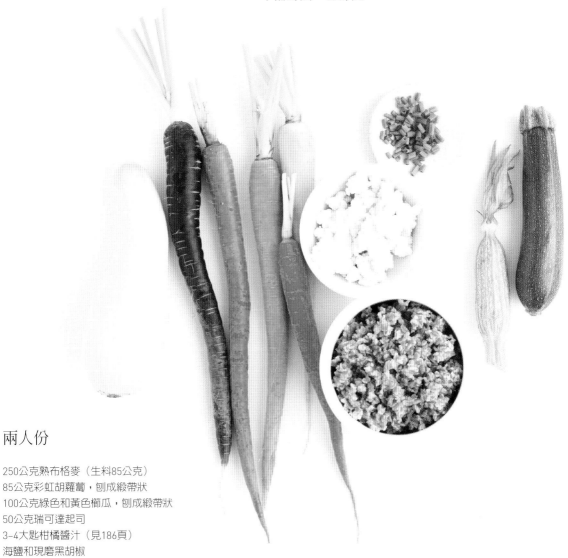

兩人份

250公克熟布格麥（生料85公克）
85公克彩虹胡蘿蔔，刨成緞帶狀
100公克綠色和黃色櫛瓜，刨成緞帶狀
50公克瑞可達起司
3–4大匙柑橘醬汁（見186頁）
海鹽和現磨黑胡椒
切碎的細香蔥當裝飾

在沙拉盆中混拌布格麥和2大匙柑橘醬汁，分裝成兩盤。

用同一個沙拉盆拌胡蘿蔔、櫛瓜和1大匙醬汁，分別放到兩碗布格麥上，加上瑞可達起司（ricotta）。

以海鹽和黑胡椒調味，最後撒上切碎的細香蔥。

無花果與黑葉甘藍佐柑橘醬汁

準備時間：15分鐘

兩人份

250公克熟黑米（生料100公克）
75公克黑葉甘藍（托斯卡尼甘藍），切絲
100公克烤甜薯南瓜，切塊
30公克無花果，切半或4等份
20公克花生，切碎
3–4大匙柑橘醬汁（見186頁）
海鹽和現磨黑胡椒

混拌黑米、黑葉甘藍和1到2大匙柑橘醬汁。分裝成兩盤。

分別加入甜薯南瓜（Delicata Squash）、無花果和花生。淋上剩餘醬汁。以海鹽和黑胡椒調味。

鷹嘴豆夏日風味沙拉

準備時間：15分鐘

兩人份

200公克黑藜（生料90公克）
200公克祖傳番茄，切塊
125公克炙烤洋蔥，切塊
160公克罐頭鷹嘴豆，瀝乾並沖洗
2–3大匙阿根廷青醬（見178頁）
海鹽和現磨黑胡椒

將黑藜、祖傳番茄（heirloom tomatoes）、洋蔥和鷹嘴豆分裝到兩個碗中。
淋上阿根廷青醬，以海鹽和黑胡椒調味。

蛋奶素料理

既能提供豐富的營養，又可作為飽足感滿分的正餐。
本章節也包含純素食譜，以營養的穀物為基礎，
利用可口的醬汁和澆料，將所有食材整合為一體。

紅藜佐普羅旺斯時蔬

準備時間：15分鐘

兩人份

250公克熟紅藜（生料125公克）
125公克炙烤櫛瓜，切片
200公克炙烤茄子，切塊
30公克菲達起司，捏碎
150公克油醋番茄澆料（見184頁）
海鹽和現磨黑胡椒

將紅藜、茄子和櫛瓜分盛為兩盤。
分別加上油醋番茄澆料和菲達起司。以海鹽和黑胡椒調味。

韓式拌飯

準備時間：15分鐘

兩人份

200公克糙米（生料80公克）
130公克櫛瓜，切絲並稍微炒過
80公克紅蘿蔔，切絲並稍微炒過
100公克韓國泡菜
2顆煎蛋
海鹽和現磨黑胡椒

也可改用
壽司米

用一半的泡菜與糙米拌勻，分裝到兩個碗中，鋪上櫛瓜絲與紅蘿蔔絲。
放上剩餘的泡菜與煎蛋。以海鹽和黑胡椒調味。

玉米與番茄佐阿根廷青醬

準備時間：15分鐘

兩人份

250公克熟硬粒小麥（生料105公克）
200公克炙烤甜玉米
100公克布拉塔起司（或莫札瑞拉），弄成小塊
150公克小番茄，切半
3–4大匙阿根廷青醬（見178頁）
海鹽和現磨黑胡椒

將硬粒小麥混拌2大匙阿根廷青醬。

分裝到兩個碗中,放上玉米、小番茄和布拉塔起司(Burrata)。

分別澆上剩餘的阿根廷青醬,以海鹽和黑胡椒調味。

塔布勒沙拉〈TABOULÉ〉佐鷹嘴豆泥

準備時間：15分鐘

兩人份

200公克熟布格麥（生料75公克）
80公克小黃瓜，切丁
120公克鷹嘴豆泥
50公克醋醃紫洋蔥（見180頁）
3-4大匙阿根廷青醬（見178頁）
1張烤過的中東口袋餅
海鹽和現磨黑胡椒

在布格麥中拌入2到3大匙阿根廷青醬，分盛為兩盤。

分別放上鷹嘴豆泥、小黃瓜和醋醃紫洋蔥。

淋上剩餘的阿根廷青醬。以海鹽和黑胡椒調味。搭配中東口袋餅（pita）食用。

橡實南瓜法羅麥燉飯

準備時間：35分鐘

兩人份

150公克生法羅麥
225公克烤橡實南瓜，切片
1顆紫洋蔥，切絲
15公克帕瑪森起司屑，另外準備一些當撒料
1大匙橄欖油
海鹽和現磨黑胡椒
1小把荷蘭芹（只取葉片）

也可改用
大麥

在平底鍋中加熱橄欖油，放入洋蔥炒5到6分鐘，直到炒軟。加入法羅麥炒香1到2分鐘。

注入清水，煮到稍微滾沸。蓋上鍋蓋，燉煮25到30分鐘，直到法羅麥煮軟。

拌入帕瑪森起司與橡實南瓜，再稍微滾沸。以海鹽和黑胡椒調味，最後撒上帕瑪森起司與荷蘭芹。

菠菜與水波蛋佐芥末醬汁

準備時間：15分鐘

兩人份

250公克熟法羅麥（生料125公克）

125公克炒菠菜

150公克烤蘑菇，切半

2顆水波蛋

2–3大匙芥末醬汁（見174頁）

海鹽和現磨黑胡椒

將法羅麥和1大匙芥末醬汁拌勻,與炒菠菜和蘑菇一起分裝到兩個碗中。
分別放上水波蛋,淋上剩餘芥末醬汁。以海鹽和黑胡椒調味。

烤紅蘿蔔佐優格

準備時間：15分鐘

兩人份

200公克烤紅蘿蔔（生料300公克）
200公克熟法羅麥（生料100公克）
150公克中東優格
100公克焦烤青蔥（生料200公克／2把）
3-4大匙辣油（見188頁）
海鹽和現磨黑胡椒
1小把開心果（視喜好添加）

將法羅麥、紅蘿蔔、青蔥和中東優格（labneh）平分到兩個碗中。
以海鹽和黑胡椒調味後淋上辣油。最後視喜好撒上開心果。

皺葉甘藍與水波蛋佐芥末醬汁

準備時間：15分鐘

兩人份

200公克熟紅藜與白藜（生料100公克）

120公克烤奶油南瓜，切塊

150公克炒皺葉甘藍

2顆水波蛋

醋醃紫洋蔥（見180頁）

芥末醬汁（見174頁）

海鹽和現磨黑胡椒

將藜麥、甘藍和奶油南瓜分盛為兩盤。分別放上水波蛋，以海鹽和黑胡椒調味。

最後放上醋醃紫洋蔥，淋上芥末醬汁。

羽衣甘藍與煎蛋佐哈里薩辣醬

準備時間：15分鐘

兩人份

200公克熟糙米（生料80公克）
100公克水煮羽衣甘藍，以海鹽和黑胡椒調味
1顆酪梨，去皮，去核，切片
60公克哈里薩辣醬
2顆煎蛋
海鹽和現磨黑胡椒

將糙米、甘藍和酪梨分裝到兩個碗中，各加上2到3大匙哈里薩辣醬和一顆煎蛋。
以海鹽和黑胡椒調味。

百菇燉大麥

準備時間：40分鐘

兩人份

100公克珍珠大麥
200公克生野菇
1顆洋蔥（100 公克），切丁
20公克芝麻菜嫩葉
40公克羊奶起司，捏碎
3大匙橄欖油
1小把荷蘭芹，切碎
海鹽和現磨黑胡椒

在平底鍋中加熱2大匙橄欖油，加入野菇，撒鹽，炒5到7分鐘，直到炒軟出汁，放在一旁備用。將剩下的油加入鍋中，炒洋蔥和大麥 3 分鐘，將大麥炒香，洋蔥炒軟。加入450毫升清水，蓋上鍋蓋，悶煮25分鐘，直到大麥變軟。加入剛才炒好的野菇、羊奶起司和芝麻菜。攪拌後以海鹽和黑胡椒調味，分盛為兩盤上桌。

蘆筍金合歡蛋佐蒔蘿優格醬

準備時間：15分鐘

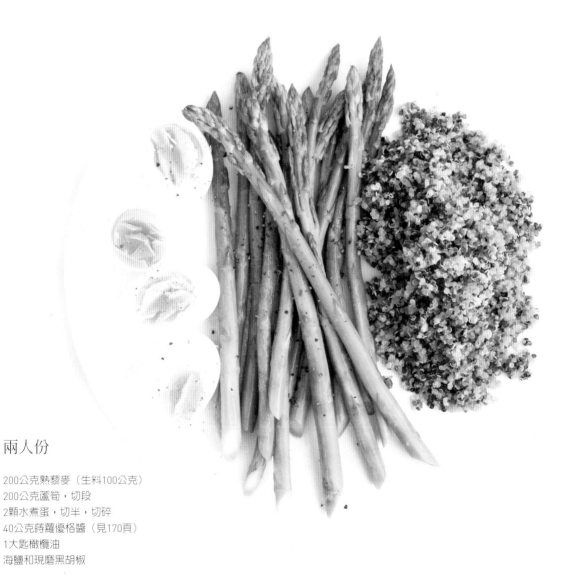

兩人份

200公克熟藜麥（生料100公克）
200公克蘆筍，切段
2顆水煮蛋，切半，切碎
40公克蒔蘿優格醬（見170頁）
1大匙橄欖油
海鹽和現磨黑胡椒

也可改用
大麥

用油稍微煎一下蘆筍,以海鹽和黑胡椒調味。

將藜麥、蘆筍和水煮蛋分裝到兩個碗中。加上優格醬,以海鹽和黑胡椒調味。

摩洛哥燉蔬菜

準備時間：15分鐘

兩人份

150公克熟硬粒小麥
100公克烤紅蘿蔔（生料約200公克），斜切成塊狀
1大匙橄欖油
2-3小匙北非綜合香料
600毫升罐頭番茄丁
50公克綠橄欖，去核
海鹽和現磨黑胡椒
天然優格與芫荽，裝飾用

在平底鍋加熱橄欖油，炒香北非綜合香料（ras el hanout）1分鐘。
放入番茄和200毫升清水，燉煮10分鐘。加入紅蘿蔔、橄欖和硬粒小麥，煮到滾沸。
以海鹽和黑胡椒調味。分裝到兩個深盤或碗中，放上優格和芫荽。

炙烤蜜桃黑米飯

準備時間：15分鐘

兩人份

250公克熟黑米（生料100公克）
150公克蜜桃，切片，炙烤
40公克青蔥，切片
80公克甜豌豆，切片
3-4大匙柑橘醬汁（見186頁）
海鹽和現磨黑胡椒

將黑米與1大匙柑橘醬汁混拌，分盛為兩盤。

分別放上烤蜜桃、甜豌豆和青蔥，淋上剩餘柑橘醬汁。以海鹽和黑胡椒調味。

烤花椰菜佐綠檸檬味噌醬汁

準備時間：15分鐘

兩人份

200公克熟斯佩爾特小麥（生料90公克）
150公克烤花椰菜
150公克孢子甘藍，切絲
2-3大匙綠檸檬味噌醬汁（見172頁）
2-3大匙石榴粒
海鹽和現磨黑胡椒

也可改用
卡姆小麥

將斯佩爾特小麥、花椰菜和孢子甘藍分裝到兩個碗中。
分別淋上醬汁，撒上石榴粒。以海鹽和黑胡椒調味。

綠花椰菜豆腐蕎麥飯

準備時間：15分鐘

兩人份

250公克熟蕎麥（生料95公克）
150公克煎豆腐（生料250公克）
150公克熟綠花椰菜
2-4大匙綠檸檬味噌醬汁（見172頁）
海鹽和現磨黑胡椒
芝麻，撒在料理上

也可改用
糙米

將蕎麥與2大匙綠檸檬味噌醬汁混拌，分裝到兩個碗中。

分別放上一些綠花椰菜和煎豆腐，以海鹽和黑胡椒調味。淋上剩餘醬汁，撒上芝麻。

地瓜與紅甘藍黑米飯

準備時間：15分鐘

92

兩人份

250公克熟黑米（生料100公克）
250公克地瓜，切丁，烤熟
120公克紅甘藍菜，切細絲
15公克醋醃紫洋蔥（見180頁）
2-3大匙芥末醬汁（見174頁）
海鹽和現磨黑胡椒

也可改用
藜麥

將紅甘藍菜絲混合1大匙芥末醬汁和1小撮鹽。輕輕搓揉，讓紅甘藍軟化。把黑米、地瓜和甘藍菜絲
分裝到兩個碗中。鋪上醋醃紫洋蔥，澆淋剩餘的芥末醬汁。以海鹽和黑胡椒調味。

茴香奶油南瓜佐芥末醬汁

準備時間：15分鐘

兩人份

250公克熟珍珠大麥（生料85公克）
130公克烤奶油南瓜，切丁
125公克茴香，切成細絲
30公克開心果，切碎
3-4大匙芥末醬汁（見174頁）
海鹽和現磨黑胡椒

也可改用
法羅麥

將大麥與1大匙芥末醬汁拌勻，分盛為兩盤，放上奶油南瓜和茴香。
分別淋上剩餘的芥末醬汁，撒上開心果。以海鹽和黑胡椒調味。

藜麥辣味飯

準備時間：30分鐘

兩人份

90公克生紅藜與白藜
140公克斑豆（或紅腰豆）
100公克熟甜玉米
300公克罐頭番茄丁
2小匙辣椒粉
1大匙橄欖油
海鹽和現磨黑胡椒
15公克芫荽，用來撒在料理上
30公克切達起司絲，用來撒在料理上

在平底鍋中加熱橄欖油,加入辣椒粉和藜麥炒香2分鐘。

放入番茄丁、450到500毫升清水、豆子與玉米,煮上20分鐘,直到藜麥變軟。

以海鹽和黑胡椒調味。分裝到兩個碗中,最後撒上芫荽和起司絲。

加州風蔬食盅

準備時間：15分鐘

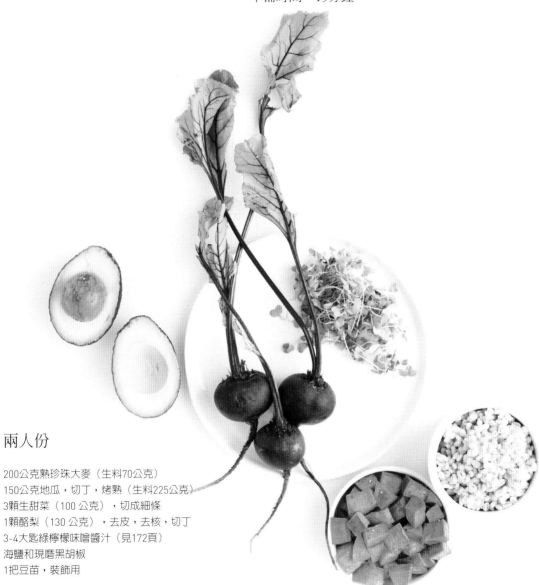

兩人份

200公克熟珍珠大麥（生料70公克）
150公克地瓜，切丁，烤熟（生料225公克）
3顆生甜菜（100 公克），切成細條
1顆酪梨（130 公克），去皮，去核，切丁
3-4大匙綠檸檬味噌醬汁（見172頁）
海鹽和現磨黑胡椒
1把豆苗，裝飾用

將大麥、地瓜、甜菜和酪梨分裝到兩個碗中。

分別淋上綠檸檬味噌醬汁，以海鹽和黑胡椒調味。最後放上豆苗。

香菇與青江菜蕎麥飯

準備時間：15分鐘

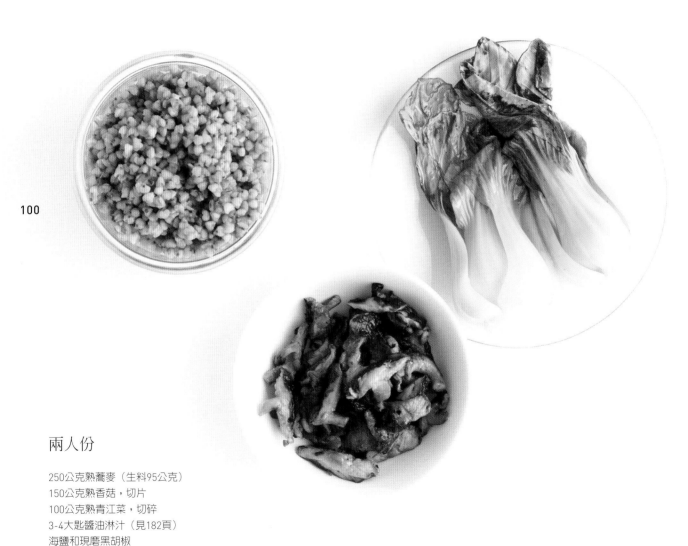

100

兩人份

250公克熟蕎麥（生料95公克）
150公克熟香菇，切片
100公克熟青江菜，切碎
3-4大匙醬油淋汁（見182頁）
海鹽和現磨黑胡椒

將蕎麥與1到2大匙醬油淋汁拌勻，分裝到兩個碗中，放上香菇和青江菜。
分別淋上剩餘醬汁，以海鹽和黑胡椒調味。

烤番茄與白豆佐阿根廷青醬

準備時間：15分鐘

兩人份

250公克熟斯佩爾特小麥（生料110公克）
150公克罐頭白豆，瀝乾並沖洗
200公克烤紅番茄
50公克芝麻菜嫩葉
3-4大匙阿根廷青醬（見178頁）
1大匙橄欖油
海鹽和現磨黑胡椒

在芝麻菜中拌入橄欖油，與斯佩爾特小麥、豆子、紅番茄（plum tomato）分盛為兩盤。
以海鹽和黑胡椒調味，分別淋上阿根廷青醬。

地中海風法羅麥飯

準備時間：15分鐘

兩人份

200公克熟法羅麥（生料100公克）
80公克小黃瓜，切丁
100公克罐頭鷹嘴豆，瀝乾並沖洗
40公克菲達起司，切丁
30公克卡拉瑪塔橄欖，切半
140公克油醋番茄澆料（見184頁）
海鹽和現磨黑胡椒

將法羅麥、鷹嘴豆、小黃瓜丁、橄欖和菲達起司分盛為兩盤。
分別淋上油醋番茄澆料與澆料中的橄欖油少許。以海鹽和黑胡椒調味。

黑豆糙米飯佐酪梨醬

準備時間：15分鐘

兩人份

200公克熟糙米（生料80公克）
150公克市售酪梨醬
150公克罐頭黑豆，瀝乾並沖洗
150公克油醋番茄澆料（見184頁）
海鹽和現磨黑胡椒
1把墨西哥玉米片（40公克），裝飾與佐餐用

也可改用
藜麥

107

將糙米、黑豆與酪梨醬分裝到兩碗中。淋上油醋番茄澆料，以海鹽和黑胡椒調味。

最後放上幾片墨西哥玉米片裝飾。

照燒豆腐黑藜飯

準備時間：15分鐘

兩人份

230公克熟黑藜（生料為100公克）
150公克炒紅椒絲
200公克煎豆腐（生料為300公克）
40公克烤過的腰果
2-3大匙照燒醬
海鹽和現磨黑胡椒

將黑藜、豆腐和紅椒與2大匙醬汁混拌,分盛為兩盤。
撒上腰果,淋上剩餘醬汁。以海鹽和黑胡椒調味。

法拉費炸豆丸（FALAFEL）佐茄子芝麻沾醬

準備時間：15分鐘

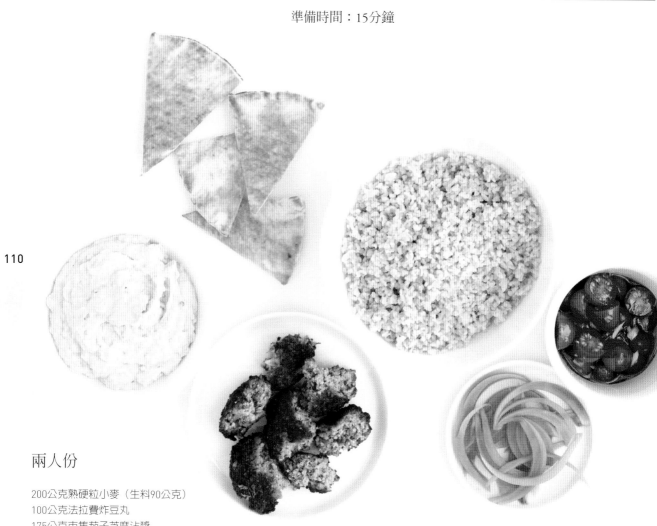

兩人份

200公克熟硬粒小麥（生料90公克）
100公克法拉費炸豆丸
175公克市售茄子芝麻沾醬
80公克油醋番茄澆料（見184頁）
25公克醋醃紫洋蔥（見180頁）
海鹽和現磨黑胡椒
1張烤過的中東口袋餅，切成4等份，佐餐用

也可改用
布格麥

將硬粒小麥、茄子芝麻醬（baba ganoush）、法拉費炸豆丸、油醋番茄澆料和醋醃紫洋蔥分盛為兩盤。
淋上一些油醋番茄澆料中的橄欖油。以海鹽和黑胡椒調味，最後放上口袋餅。

味噌醬清脆蔬穀缽

準備時間：15分鐘

兩人份

200公克熟印度香米
50公克紅梗或黃梗葉用甜菜，切絲
50公克高麗菜，切絲
60公克紅蘿蔔，切絲
3-4大匙綠檸檬味噌醬汁（見172頁）
海鹽和現磨黑胡椒

也可改用
藜麥

113

將印度香米、甜菜葉（Swiss chard）、高麗菜絲和紅蘿蔔絲，分別與綠檸檬味噌醬汁拌勻。
分裝到兩個碗中，以海鹽和黑胡椒調味。

肉類與海鮮料理

這些滋味豐富的菜餚由動物性蛋白質、蔬菜和穀物組成，
無論胃口多大，都能吃得心滿意足。
只需一個湯鍋就能做出結合更多食材和調味方式的料理，
例如蔬菜燉珍珠大麥雞湯、紐奧良風燻腸什錦飯。

雞肉與白菜佐綠檸檬味噌醬汁

準備時間：15分鐘

兩人份

80公克白菜切絲
200公克熟硬粒小麥（生料90公克）
100公克熟雞肉，撕成絲
3-4大匙綠檸檬味噌醬汁（見172頁）
2根蔥（25公克），切成蔥花
2-3大匙切碎薄荷
海鹽和現磨黑胡椒
1小把花生，裝飾用（視喜好添加）

將綠檸檬味噌醬汁與硬粒小麥、雞肉、白菜、蔥花和薄荷混拌。
以海鹽和黑胡椒調味。分盛為兩盤，視喜好撒上花生。

香腸與紅椒辣味蕎麥飯

準備時間：15分鐘

兩人份

200公克熟蕎麥（生料75公克）
150公克義大利香腸肉（不辣），煮熟
125公克油菜花，切成條狀
100公克烤紅椒，切成條狀
3-4大匙辣油（見188頁）
海鹽和現磨黑胡椒

也可改用
大麥

將蕎麥和油菜花（broccoli raab）分別與2小匙辣油混拌。

分盛為兩盤，分別鋪上香腸肉和紅椒。以海鹽和黑胡椒調味，最後淋上剩餘的辣油。

哈里薩辣醬雞肉飯

準備時間：15分鐘

兩人份

175公克熟雞肉，切片
250公克熟黑米（生料100公克）
80公克罐頭鷹嘴豆，瀝乾並沖洗
120公克油醋番茄澆料 （見184頁）
2大匙哈里薩辣醬
海鹽和現磨黑胡椒

也可改用
大麥

將黑米、雞肉和鷹嘴豆分盛為兩盤。
加上油醋番茄澆料，淋上哈里薩辣醬。以海鹽和黑胡椒調味。

豬肉佐芒果古巴風藜麥飯

準備時間：15分鐘

兩人份

150公克熟豬里肌或豬腰內肉，切厚片
200公克熟藜麥（生料100公克）
140公克罐頭黑豆，瀝乾並沖洗
100公克芒果，切丁
2根蔥，切成蔥花
3-4大匙柑橘醬汁（見186頁）
海鹽和現磨黑胡椒

也可改用
糙米

將藜麥和黑豆放入沙拉盆中,用2大匙柑橘醬汁混拌。分盛為兩盤,鋪上豬肉和芒果,撒上蔥花。
淋上剩餘的柑橘醬汁,以海鹽和黑胡椒調味。

煙燻鮭魚與溏心蛋佐優格醬

準備時間：15分鐘

兩人份

80公克煙燻鮭魚
300公克熟藜麥（生料150公克）
75公克蒔蘿優格醬（見170頁）
2顆溏心蛋，切半
2根蔥，縱向切成蔥絲，浸泡冷水，讓蔥捲起
海鹽和現磨黑胡椒

將藜麥、燻鮭魚、溏心蛋和醬汁分盛為兩盤。
撒上蔥花。最後以海鹽和黑胡椒調味。

加勒比海風炒蝦鳳梨糙米飯

準備時間：15分鐘

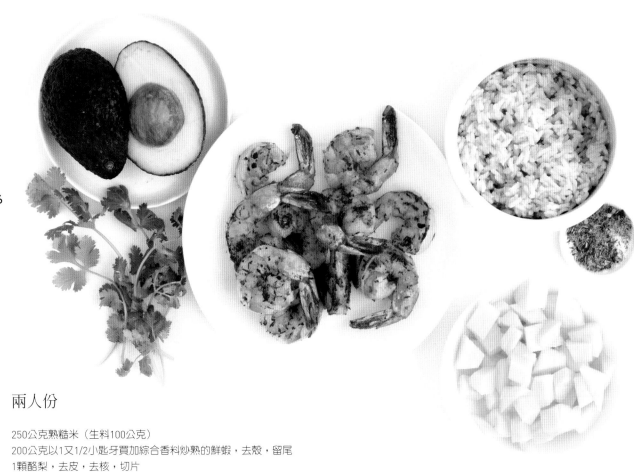

兩人份

250公克熟糙米（生料100公克）
200公克以1又1/2小匙牙買加綜合香料炒熟的鮮蝦，去殼，留尾
1顆酪梨，去皮，去核，切片
150公克鳳梨，切丁
3-4大匙柑橘醬汁（見186頁），加入1/2小匙牙買加綜合香料
海鹽和現磨黑胡椒
1小把芫荽（只取葉子），切碎

用牙買加綜合香料（jerk seasoning）炒熟鮮蝦。混拌糙米飯與調味的柑橘醬汁，分盛為兩盤。
分別放上蝦子、鳳梨和酪梨。以海鹽和黑胡椒調味，撒上芫荽碎葉。

蘆筍培根法羅麥燉飯

準備時間：45分鐘

兩人份

125公克生法羅麥
100公克義式培根，切丁
250公克蘆筍，切段
700毫升雞高湯
1大匙橄欖油
海鹽和現磨黑胡椒
50公克帕瑪森起司，另外準備一些撒在料理上
1大匙檸檬汁
1小把荷蘭芹，切碎

在平底鍋中加熱橄欖油，放入義式培根（pancetta），煎8-10分鐘直到酥脆，放到一旁備用。

將法羅麥倒入鍋中炒香2到3分鐘。加入雞高湯，以海鹽和黑胡椒調味，煮到沸滾。

蓋上鍋蓋，繼續燉煮20到25分鐘，直到法羅麥接近熟透。加入蘆筍，蓋上鍋蓋，繼續燉煮3分鐘。

拌入帕瑪森起司和檸檬汁。分裝到兩個碗中，撒上少許帕瑪森起司、煎脆的義式培根和荷蘭芹。

蔬菜燉珍珠大麥雞湯

準備時間：40分鐘

兩人份

150公克生珍珠大麥
250公克生雞肉，切丁
130公克紅蘿蔔，切段
100公克芹菜，切成碎末
3-4大匙橄欖油
1大匙檸檬汁
海鹽和現磨黑胡椒
1小把蒔蘿，切碎，用來撒在料理上

也可改用
糙米

在平底鍋中加入2大匙油，用中火加熱。將雞丁煎到金黃，約需8分鐘。盛起備用。將大麥倒入鍋中，炒香1分鐘。加入剩下的油、紅蘿蔔和芹菜，煮2到3分鐘。注入900毫升清水並加入雞丁和煎雞肉的湯汁，煮到滾沸後再燉30到35分鐘，直到大麥和蔬菜煮熟。加入檸檬汁。分裝到兩個碗中，撒上蒔蘿，以海鹽和黑胡椒調味。

西班牙辣腸與羽衣甘藍佐油醋番茄

準備時間：15分鐘

兩人份

250公克熟麥仁（生料105公克）
125公克熟西班牙辣腸，在烹煮過程中將辣腸弄碎
75公克炒羽衣甘藍
125公克罐頭大白豆，瀝乾並沖洗
125公克油醋番茄澆料（見184頁）
海鹽和現磨黑胡椒

也可改用
斯佩爾特
小麥

將麥仁、辣腸、甘藍菜、大白豆（cannellini bean）分盛為兩盤。
淋上油醋番茄澆料。以海鹽和黑胡椒調味。

紐奧良風燻腸什錦飯（JAMBALAYA）

準備時間：45分鐘

兩人份

90公克生糙米
2-3大匙橄欖油
150公克燻腸
1顆洋蔥（30公克），切丁
1顆青椒（30公克），切丁
1小匙克里奧調味粉
300公克蒜味罐頭番茄（連同番茄汁），切小塊
海鹽和現磨黑胡椒
青蔥，切成蔥花，裝飾用

用平底鍋將橄欖油加熱,放入燻腸煎6到7分鐘,直到金黃,盛起備用。加入洋蔥、青椒和克里奧調味
粉(Creole seasoning),烹煮5到6分鐘,直到蔬菜煮軟。加入糙米炒香1到2分鐘。
倒入番茄與600毫升清水,以海鹽和黑胡椒調味。蓋上鍋蓋,燉煮約30分鐘,
直到米飯煮軟、大部分湯汁收乾。分盛到兩個深盤或碗裡,撒上青蔥。

菠菜咖哩雞

準備時間：45分鐘

兩人份

90公克生糙米
225公克生雞肉，切塊
2小匙咖哩粉
300毫升椰漿
50公克菠菜嫩葉
2大匙橄欖油
海鹽和現磨黑胡椒
1把芫荽，切碎，用來撒在料理上

也可改用
法羅麥

在平底鍋中加熱橄欖油，放入雞肉塊，煎約8分鐘到兩面金黃。以海鹽和黑胡椒調味，加入咖哩粉。

將雞肉撥到一旁備用。在空出的鍋面將米炒香1到2分鐘。加入600毫升清水，煮到滾沸。

蓋上鍋蓋後再燉煮30分鐘，直到糙米煮軟為止。加入椰漿和菠菜嫩葉，讓食材充分融合。

分裝到兩個碗中，撒上芫荽。

墨西哥風綠檸檬法羅麥粥

準備時間：30分鐘

兩人份

100公克生法羅麥
150公克烤雞，撕成絲
1大匙橄欖油
2小匙乾燥奧勒岡
2大匙綠檸檬汁
海鹽和現磨黑胡椒
15公克切碎芫荽、1顆綠檸檬切成4片、3顆櫻桃蘿蔔切成圓薄片，裝飾用

也可改用
大麥

在平底鍋中加熱橄欖油，炒香法羅麥1到2分鐘。撒上乾燥奧勒岡（Oregano）。加入700毫升清水，
燉煮15到20分鐘，直到法羅麥煮軟。加入雞肉和綠檸檬汁，以海鹽和黑胡椒調味。
分裝到兩個碗中，裝飾芫荽、櫻桃蘿蔔薄片和綠檸檬片。

鴻喜菇鮮蝦香辣麥飯

準備時間：15分鐘

兩人份

250公克熟大麥（生料85公克）
170公克熟蝦
85公克鴻喜菇，煮熟
2顆煎蛋
3-4大匙辣油（見188頁）
紅辣椒切成小薄片，略微炙烤，裝飾用

將大麥與1到2大匙辣油拌勻。分盛為兩盤，分別鋪上蝦子、鴻喜菇和煎蛋。
淋上剩餘的辣油，撒上辣椒裝飾。

鮮蝦甜豌豆蕎麥飯

準備時間：15分鐘

兩人份

250公克熟蕎麥（生料95公克）
100公克高麗菜絲
200公克熟蝦
100公克甜豌豆，切片，炒熟
3-4大匙醬油淋汁（見182頁）
海鹽和現磨黑胡椒
2大匙切碎花生

也可改用
藜麥

　　取1大匙醬汁和1小撮鹽醃漬高麗菜絲。用另一個碗混拌蕎麥與1大匙醬油淋汁，分盛為兩盤。
分別鋪上蝦子、甜豌豆和高麗菜絲，淋上剩餘的醬汁。以海鹽和黑胡椒調味，最後撒上碎花生。

日式鮪魚酪梨丼飯

準備時間：15分鐘

144

兩人份

200公克鮪魚，表面煎熟
250公克壽司飯（生料95公克）
1顆酪梨（140公克），去皮，去核，切片
60公克紅蘿蔔，切絲
1/2小匙黑、白芝麻
2-3大匙醬油淋汁（見182頁）

也可改用
藜麥

將壽司飯、鮪魚、酪梨、紅蘿蔔分盛為兩盤。
分別淋上醬汁，撒上芝麻裝飾。

燉牛肉法羅麥粥

準備時間：1小時45分鐘

兩人份

90公克生法羅麥
280公克適合燉煮的牛肉部位，切塊
65公克西洋芹，切段
75公克紅蘿蔔，切塊
50公克蘑菇，切成4等份
2大匙橄欖油
海鹽和現磨黑胡椒

牛肉撒上海鹽和黑胡椒。在湯鍋裡煎牛肉塊，約8到10分鐘，直到兩面金黃，盛起備用。

蔬菜放入湯鍋中炒5到6分鐘，直到炒軟，盛起備用。

將煎過的牛肉放回湯鍋，倒入700毫升清水，蓋上蓋子，燉煮1小時。加入法羅麥、蔬菜與200毫升清水。

煮到滾沸後蓋上鍋蓋，繼續燉煮約30分鐘，直到牛肉與法羅麥燉軟。分裝到兩個碗中即可上桌。

加州風雞肉飯

準備時間：15分鐘

兩人份

230公克熟法羅麥（生料115公克）
140公克熟雞肉，切塊
1顆酪梨，去皮，去核，切丁
40公克芽菜
3-4大匙芥末醬汁（見174頁）
海鹽和現磨黑胡椒

將法羅麥與1到2大匙芥末醬汁混拌。

分裝到兩個碗中,鋪上雞肉、酪梨和芽菜。

淋上剩餘的醬汁,以海鹽和黑胡椒調味。

孢子甘藍沙朗牛排麥飯

準備時間：15分鐘

150

兩人份

200公克熟珍珠大麥（生料70公克）
200公克孢子甘藍，切半，烤熟（生料250公克）
200公克炙烤沙朗牛排，切片
140公克油醋番茄澆料（見184頁）
40公克醋醃紫洋蔥（見180頁）
海鹽和現磨黑胡椒

也可改用
法羅麥

將大麥、牛肉片和孢子甘藍分盛為兩盤。以海鹽和黑胡椒調味。
分別加上紫洋蔥和油醋番茄澆料。

鮪魚與白豆佐阿根廷青醬

準備時間：15分鐘

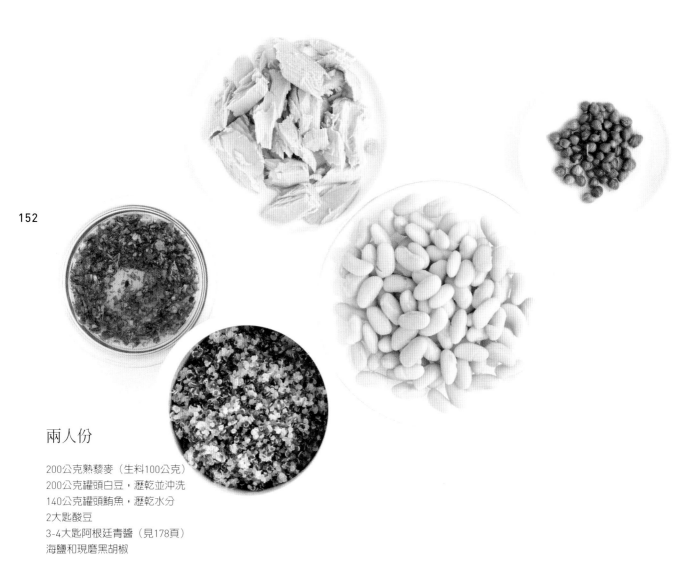

兩人份

200公克熟藜麥（生料100公克）
200公克罐頭白豆，瀝乾並沖洗
140公克罐頭鮪魚，瀝乾水分
2大匙酸豆
3-4大匙阿根廷青醬（見178頁）
海鹽和現磨黑胡椒

將藜麥、鮪魚、白豆和酸豆分盛為兩盤。
分別淋上阿根廷青醬,以海鹽和黑胡椒調味。

鮭魚酪梨飯

準備時間：15分鐘

兩人份

200公克熟法羅麥（生料100公克）
150公克熟鮭魚排
80公克甜豌豆，切片
1顆酪梨，去皮，去核，切片
3-4大匙醬油淋汁（見182頁）
海鹽和現磨黑胡椒

也可改用
蕎麥

將法羅麥混拌1到2大匙醬油淋汁，分盛為兩盤。

分別鋪上鮭魚、甜豌豆和酪梨。淋上剩餘的醬汁，以海鹽和黑胡椒調味。

牛排佐阿根廷青醬

準備時間：15分鐘

兩人份

250公克麥仁（生料105公克）
200公克側腹部位牛肉，兩面煎熟，切成厚片
125公克小馬鈴薯，切半，烤熟
3-4大匙阿根廷青醬（見178頁）
海鹽和現磨黑胡椒

也可改用
斯佩爾特
小麥

將麥仁、馬鈴薯和牛肉分盛為兩盤。分別淋上阿根廷青醬,以海鹽和黑胡椒調味。

雙蔬豬肉糙米飯

準備時間：15分鐘

兩人份

200公克熟糙米（生料80公克）
150公克熟豬絞肉
100公克四季豆，在鍋中煎熟，切半
100公克青江菜，炒熟，切半
3-4大匙醬油淋汁（見182頁）
海鹽和現磨黑胡椒

將糙米飯、絞肉、四季豆和青江菜分盛為兩盤。
分別淋上醬汁,以海鹽和黑胡椒調味。

麥仁清燉羊肉湯

準備時間：2小時15分鐘

兩人份

100公克生麥仁
300公克生羊肉，切塊
2大匙橄欖油
150公克紅蘿蔔，斜切成厚片
50公克冷凍豌豆
100 公克熟小洋蔥
海鹽和現磨黑胡椒

在湯鍋中加熱橄欖油，放入羊肉煎約8到10分鐘，兩面煎到金黃。放入麥仁，炒香1到2分鐘。

加入1.2公升清水和紅蘿蔔，煮到滾沸。燉煮1個半小時到2小時，直到羊肉和麥仁燉軟。

加入洋蔥和豌豆，再次煮到滾沸。以海鹽和黑胡椒調味，分裝到兩個碗中即可上桌。

炸雞排佐甘藍麥飯

準備時間：15分鐘

兩人份

200公克熟硬粒小麥（生料85公克）
200公克炸雞排，切片
80公克羽衣甘藍，切絲
3-4大匙芥末醬汁（見174頁）
海鹽和現磨黑胡椒

用1小撮鹽和1大匙芥末醬汁搓揉羽衣甘藍,讓甘藍變軟。

將甘藍、硬粒小麥和雞排分盛為兩盤。

分別淋上剩餘的芥末醬汁,以海鹽和黑胡椒調味。

土耳其烤羊肉（KEBAB）佐優格醬

準備時間：15分鐘

兩人份

200公克熟麥仁（生料70公克）
150公克熟烤羊肉，切塊
60公克小黃瓜，切成圓薄片
80公克番茄，切小塊
60公克蒔蘿優格醬（見170頁）
1小把生菜絲
1小把薄荷
海鹽和現磨黑胡椒

將麥仁、烤羊肉、小黃瓜和番茄分盛為兩盤。

分別以海鹽和黑胡椒調味,淋上少許優格醬。撒上生菜絲和薄荷。

手扒豬肩胛肉糙米飯

準備時間：15分鐘

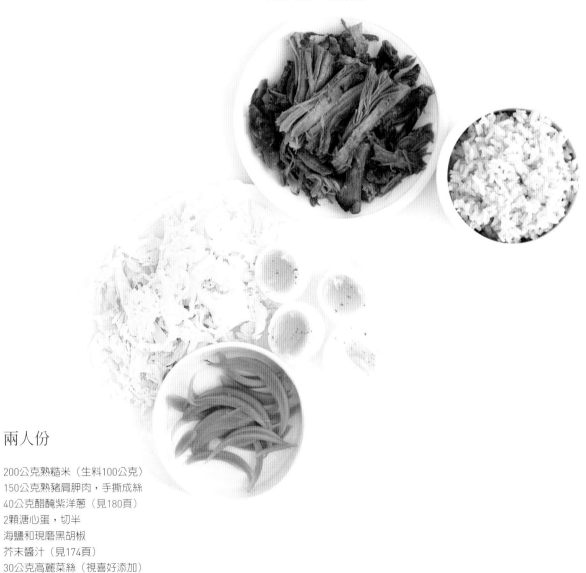

兩人份

200公克熟糙米（生料100公克）
150公克熟豬肩胛肉，手撕成絲
40公克醋醃紫洋蔥（見180頁）
2顆溏心蛋，切半
海鹽和現磨黑胡椒
芥末醬汁（見174頁）
30公克高麗菜絲（視喜好添加）

將糙米飯、豬肩胛肉、醋醃紫洋蔥（和高麗菜絲）、溏心蛋分盛為兩盤。

分別淋上芥末醬汁，以海鹽和黑胡椒調味。

醬汁與澆料

本章節提供的醬汁和澆料能使任何藜麥料理中的所有食材完美融合為一體，
同時賦予菜餚口感與滋味，並可隨心所欲與各種食譜搭配。
書中建議的份量可以使用好幾次，冷藏保存可達一星期。

蒔蘿優格醬

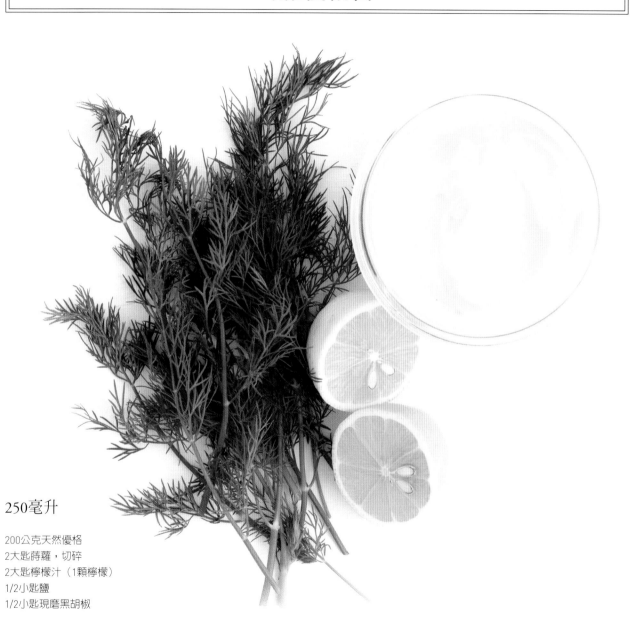

250毫升

200公克天然優格
2大匙蒔蘿，切碎
2大匙檸檬汁（1顆檸檬）
1/2小匙鹽
1/2小匙現磨黑胡椒

在碗中混拌優格、蒔蘿和檸檬汁。以海鹽和黑胡椒調味。

綠檸檬味噌醬汁

172

125毫升

50毫升無調味植物油
50毫升米醋
3大匙味噌
1大匙綠檸檬汁

在碗中拌勻所有材料，直到味噌溶解。

芥末醬汁

150毫升

1小匙第戎芥末醬
1大匙蜂蜜
1大匙檸檬汁
125毫升橄欖油
1/4小匙鹽
1/4小匙現磨黑胡椒

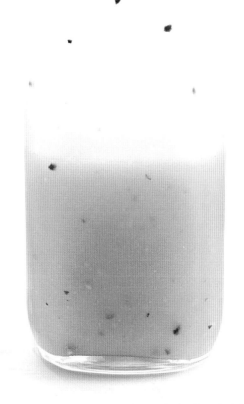

在碗中拌勻蜂蜜、第戎（Dijon）芥末醬和檸檬汁，慢慢摻入橄欖油，同時持續攪拌。
以鹽和黑胡椒調味。

白脫牛奶香草淋醬

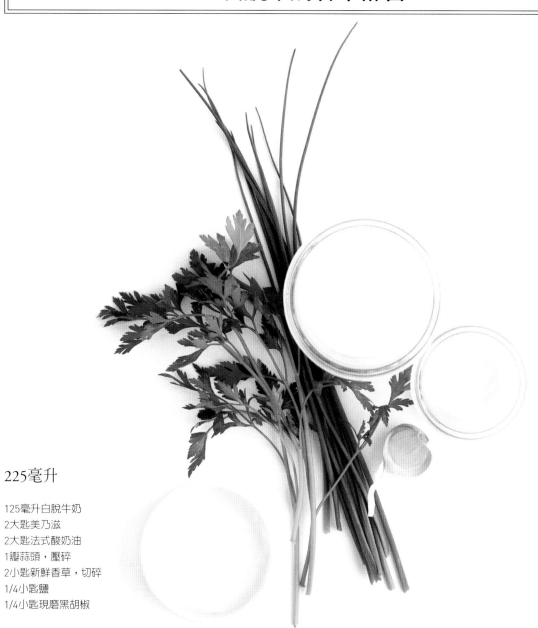

225毫升

125毫升白脫牛奶
2大匙美乃滋
2大匙法式酸奶油
1瓣蒜頭，壓碎
2小匙新鮮香草，切碎
1/4小匙鹽
1/4小匙現磨黑胡椒

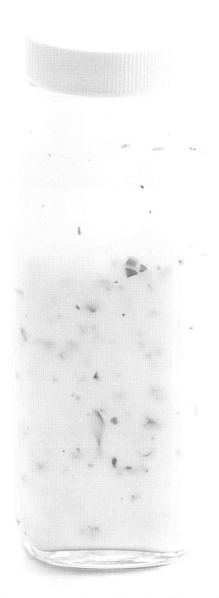

在碗中將白脫牛奶、法式酸奶油（crème fraîche）、美乃滋、蒜頭和香草拌勻，以鹽和黑胡椒調味。

阿根廷青醬（CHIMICHURRI）

250毫升

25公克芫荽，切碎
25公克荷蘭芹，切碎
4瓣蒜頭，切成碎末
3大匙紅酒醋
150毫升橄欖油
3/4小匙辣椒片，搗碎
1小匙鹽

在碗中拌勻所有材料。

醋醃紫洋蔥

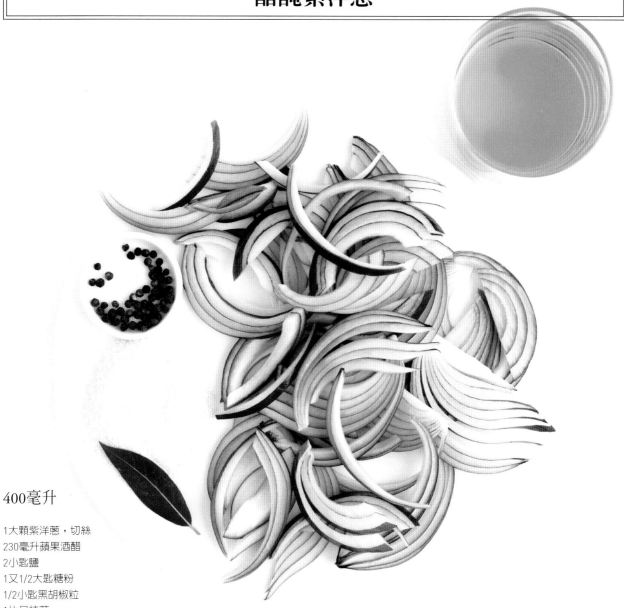

400毫升

1大顆紫洋蔥，切絲
230毫升蘋果酒醋
2小匙鹽
1又1/2大匙糖粉
1/2小匙黑胡椒粒
1片月桂葉

用中火加熱蘋果酒醋、鹽、月桂葉和糖，持續攪拌直到鹽和糖溶化。加入黑胡椒粒。
將洋蔥絲放入400毫升的廣口瓶中，倒入熱醃汁。放涼30分鐘。冰箱冷藏可保存一星期。

醬油淋汁

150毫升

125公克醬油
1小匙麻油
3根紅辣椒，切碎
1瓣蒜頭，壓碎
2小匙薑末
3大匙橄欖油

在碗中將所有材料攪拌均勻。

油醋番茄澆料

450毫升

275公克小番茄，切半，
　　若較大顆就切成4等份
150毫升橄欖油
40公克紫洋蔥（半顆洋蔥），切成碎末
2大匙雪莉酒醋
4瓣蒜頭，切成碎末
1小匙鹽
1/2小匙現磨黑胡椒

在碗中放入所有材料，輕輕混拌，然後裝入廣口瓶中。冰箱冷藏可保存2到3天。

柑橘醬汁

125毫升

1小匙檸檬皮
1小匙柳橙皮
2小匙檸檬汁
2小匙柳橙汁
2小匙蜂蜜
1大匙切成碎末的紅蔥頭
125毫升橄欖油
1/4小匙鹽

在碗中拌勻所有材料。裝入廣口瓶或密封盒中,冷藏保存。

辣油

125毫升

15公克壓碎的蒜頭（1大匙）
3/4小匙辣椒片，搗碎
1/2小匙乾燥奧勒岡
100毫升橄欖油
1/2小匙鹽
1/4小匙現磨黑胡椒

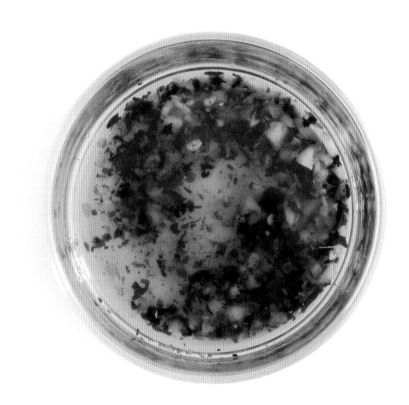

在一個小平底鍋中加熱橄欖油,直到開始微微冒泡,放入蒜頭、鹽和黑胡椒,熄火並攪拌30秒。
加入剩下的香料,浸漬15分鐘。可在冰箱冷藏保存一星期。使用前先拿出來讓它回到室溫。

食材與料理索引

致謝

我要感謝Catie Ziller給我寫下此書的機會，並井井有條地指揮我們的團隊。也要感謝Alice Chadwick和Kathy Steer努力不懈讓此書問世，並且呈現如此美麗的成果。我由衷感激Victoria Wall Harris貢獻這些精采絕倫的照片、絕妙的想法與溫暖的鼓勵。Caroline Hwang意義重大的協助和拍攝期間的真誠熱情，也讓我銘感五內。謹向邀請我進廚房一起做菜並給予指導的所有人，尤其是Sarah Copeland和Chris Lanier，致上無限謝意。我的先生Rob每天都為我帶來巧思與靈感。謝謝你富建設性的評論，而且對我端上的新菜色永遠來者不拒。

一個人的懶人高纖低脂餐
一碗滿足全穀類＋蔬菜＋蛋白質，好吃又好拍的豐盛美味
ASSIETTES COMPLÈTES

作　　　者	安娜·席玲羅·漢普頓 Anna Shillinglaw Hampton
攝　　　影	維多莉亞·沃爾·哈利絲 Victoria Wall Harris
譯　　　者	楊雯珺
封 面 設 計	翁秋燕
內 頁 排 版	張凱揚
行 銷 企 劃	林瑀、陳慧敏
行 銷 統 籌	駱漢琦
營 運 顧 問	郭其彬
業 務 發 行	邱紹溢
責 任 編 輯	劉淑蘭
總 編 輯	李亞南
出　　　版	漫遊者文化事業股份有限公司
地　　　址	台北市松山區復興北路331號4樓
電　　　話	(02) 2715-2022
傳　　　真	(02) 2715-2021
服 務 信 箱	service@azothbooks.com
網 路 書 店	www.azothbooks.com
臉　　　書	www.facebook.com/azothbooks.read
營 運 統 籌	大雁文化事業股份有限公司
地　　　址	台北市松山區復興北路333號11樓之4
劃 撥 帳 號	50022001
戶　　　名	漫遊者文化事業股份有限公司
二 版 一 刷	2022年7月
定　　　價	台幣450元

ISBN　978-986-489-650-9

版權所有，翻印必究（Printed in Taiwan）
本書如有缺頁、破損、裝訂錯誤，請寄回本公司更換。
原版書名：極簡，豐盛！一碗即全餐的健康新時尚

ASSIETTES COMPLÈTES
BY Anna Shillinglaw Hampton
© Hachette Livre (Marabout) Paris, 2016
Complex Chinese edition published through The Grayhawk Agency
Complex Chinese copyright © 2016 by Azoth Books Co., Ltd.
All rights reserved.

國家圖書館出版品預行編目 (CIP) 資料

一個人的懶人高纖低脂餐：一碗滿足全穀類+ 蔬菜+
蛋白質, 好吃又好拍的豐盛美味/ 安娜. 席玲羅. 漢普頓
(Anna Shillinglaw Hampton) 作；楊雯珺譯. -- 初版.
-- 臺北市：漫遊者文化事業股份有限公司出版：大雁
文化事業股份有限公司發行, 2022.07
192 面；20x20　公分
譯自：Assiettes complètes
ISBN 978-986-489-650-9(平裝)
1.CST: 食譜 2.CST: 健康飲食
427.1　　　　　　　　　　　　　　　　　111008028